AF542622

DES

# MOYENS DE DÉVELOPPER

LA

# CULTURE DU LIN

EN FRANCE,

Par Ch. Gomart,

Secrétaire-Général du Comice de Saint-Quentin (Aisne.)

A LA LIBRAIRIE AGRICOLE,
Chez DUSACQ, rue Jacob, 26, à Paris.

SAINT-QUENTIN,
Imprimerie et Lithographie d'Ad. MOUREAU, Grand'Place, 7.

1852.

# DES MOYENS DE DÉVELOPPER

LA

# CULTURE DU LIN

## EN FRANCE.

Avant l'application de la mécanique à la filature du lin et lorsque la production des fils et des tissus était partout l'ouvrage de fileuses au rouet, la France était supérieure à l'Angleterre. Les provinces du Nord et du Sud-Ouest de la France étaient alors le siége de l'industrie linière, non pas que ces pays aient jamais eu le monopole de ce genre de fabrication, mais parce que la culture du lin s'y était plus développée, et qu'on y trouvait généralement les ouvriers les plus habiles. L'Espagne, l'Italie, l'Allemagne, l'Angleterre elle-même avec ses Colonies, étaient nos tributaires, et la supériorité des linons et batistes françaises était incontestable. D'après les renseignemens contenus dans la statistique de l'Aisne, par Brayer, la fabrique de Saint-Quentin entretenait en 1789, dans un rayon très-rapproché de la ville, 78 mille fileuses de lin et près de 6 mille tisseurs, livrant annuellement au commerce 145 mille pièces de batiste, dans l'achat desquelles on voit figurer en 1789, savoir :

| | |
|---|---|
| La France et ses Colonies pour. . | 51,000 pièces. |
| L'Espagne . . . . . . . . . | 30,000 |
| L'Allemagne . , . . . . . . | 24,000 |
| La Hollande . . . . . . . . | 22,000 |
| L'Angleterre . . . . . . . . | 10,000 |
| L'Italie . . . . . . . . . . | 1,000 |
| La Russie . . . . . . . . . | 6,000 |
| Le Portugal . . . . . . . . | 1,000 |
| | 145,000 pièces. |

La mécanique, cette puissance moderne, appliquée à la filature du lin, a opéré une révolution dans cette industrie et a enlevé au commerce de Saint-Quentin cette branche si intéressante de notre production indigène. La France aussi a été atteinte dans ses intérêts les plus chers et ce d'autant plus vivement qu'elle y était moins préparée. La filature et le tissage du lin, ces deux sources si précieuses du travail et de la richesse de nos campagnes, sont aujourd'hui presque taries. Les toiles fabriquées à la main, les batistes par exemple, tiendront encore leur place dans le commerce ; mais, la batiste, malgré sa richesse, ou plutôt à cause de sa richesse, ne sera jamais qu'un produit de luxe d'un usage borné, car les produits de l'industrie mécanique, quoique très-bons et très-beaux, sont toujours différens de ceux provenant du travail à la main. Ce n'est point de la qualité, de la régularité, ni de la beauté que j'entends parler, mais de la souplesse, de l'élasticité, de la finesse et surtout de la force indestructible des belles batistes que jamais la mécanique ne pourra remplacer. Les fils à la main, avec les progrès de la filature mécanique, ne peuvent plus être désormais qu'une industrie restreinte.

Le lin se travaille aujourd'hui mécaniquement avec une économie et une perfection dont on n'avait pas d'idée il y a un demi-siècle, et désormais la filature et le tissage mécaniques sont appelés à satisfaire à l'augmentation assurée de la consommation des toiles. Le développement des manufactures sera d'autant plus grand que la mécanique a pour elle : 1°. l'avantage du bon marché pour lequel l'ancienne fabrication ne saurait entrer en lutte avec elle ; 2°. le peignage mécanique supérieur au peignage à la main, en ce qu'il fait moins d'étoupes ; 3°. le parti que les machines peuvent tirer des étoupes, auparavant rejetées comme matière de rebut.

Le problème auquel l'empereur Napoléon (dans le désir d'opposer, en France, une rivale à l'industrie anglaise), attachait une si grande importance et pour lequel il avait proposé une prime d'un million, est aujourd'hui résolu.

C'en est fait de la vieille industrie du filage à la main ; elle est condamnée à disparaître sans retour. Est-ce un bien ? est-ce un mal ? Je n'examinerai pas cette question délicate. C'est un fait que je constate.

L'industrie marche à grands pas, elle remue la Société française jusque dans ses fondements ; loin d'arrêter ses progrès, nous devons les accepter, mais en même temps nous devons chercher à tirer parti de ses innovations, dans l'intérêt de nos populations rurales. Il ne faut pas laisser sans compensation dans nos campagnes l'immense lacune que la cessation du filage à la main a produite dans la chaumière ; les souffrances de nos populations rurales, quoique passagères, n'en sont ni moins profondes ni moins douloureuses. Nos fileuses, nos tisseurs se comptent par millions ; ils sont laborieux, sobres ; qui pourrait voir sans une émotion profonde cette population de femmes, de vieillards, privée de son modeste gagne-pain ? Dans ces circonstances, nous devons envisager la question sous une nouvelle forme ; il s'agit, non de chercher à rétablir l'ancienne industrie des fileuses, mais de retenir dans les campagnes une grande partie de la population, en développant la culture du lin jusqu'à ce que la production soit en rapport avec les besoins de la consommation. C'est vers l'agriculture qu'il faut tourner nos efforts ; c'est à elle qu'il faut demander les lins teillés que le commerce va chercher aujourd'hui en si grande quantité en Russie, en Hollande et en Belgique.

La culture du lin, par l'agriculture française, aidera à combler la lacune produite dans les campagnes par la cessation du filage au rouet, d'autant mieux que cette plante exige beaucoup de main-d'œuvre et de grands travaux agricoles.

Qu'on suppose maintenant cette dépense de main-d'œuvre appliquée par l'agriculture à l'énorme quantite de lins teillés, fils et toiles, que la France tire encore chaque année de l'étranger, on aura trouvé une nouvelle ressource pour les ouvriers et ouvrières de la campagne, déshérités de l'industrie du filage à la main par la mécanique.

Examinons quelles sont aujourd'hui les matières premières employées par les filatures de lins et leur provenance.

La filature mécanique emploie aujourd'hui, dans le département du Nord, les lins de toute provenance, mais particulièrement les lins de Russie, parce qu'ils coûtent moins cher et qu'ils conviennent mieux pour les gros numéros. On estime plus ou moins les lins teillés, selon qu'ils viennent d'une contrée ou d'une autre et suivant la nature des eaux qui ont servi au rouissage et le plus ou moins de soins apportés à cette opération.

Les lins de Russie arrivent de Riga et de Saint-Pétersbourg par les ports de Dunkerque, Calais, Boulogne, Abbeville, Rouen ; ils sont généralement en bottes, emballés dans des nattes. Les balles russes ont un poids inégal qui varie de 160 à 200 kilos. Les lins de Riga sont rouis sur la terre, sur la neige ; ils seraient aussi bons ( quoique un peu secs ) que les lins de nos pays, s'ils étaient rouis dans l'eau, par les bons procédés employés en Belgique et dans le Nord de la France. Un kilo de lin teillé de Russie vaut, en moyenne, rendu en France, droits payés, de 90 c. à 1 fr. 30 c.

Les lins de Hollande arrivent par Anvers, traversent la Belgique, pour parvenir à Lille. Ils sont emballés avec soin dans des sacs qui tous ont le même poids de 102 kilos environ et contiennent 36 bottes de cinq poignées. Les lins de Hollande sont rouis à l'eau croupissante, ce qui leur donne souvent une couleur noirâtre fort recherchée pour certains emplois, les écrus par exemple ; les mêmes lins que l'on emploie presque noirs acquièrent, par le blanchissage, une blancheur plus éclatante que les lins jaunâtres rouis sur terre, comme on est forcé de le faire dans les pays où l'eau est rare. Un kilo de lin teillé de Hollande vaut en moyenne de 1 fr. 20 c. à 2 fr.

Les lins de Belgique, surtout ceux des environs de Malines, sont les plus estimés et se paient quatre ou cinq fois plus cher que les lins Russes. Ils se vendent par bottes, à l'ancien poids de 14 onces pour livre, les bottes pèsent une livre et demie, soit 21 onces. Le prix des lins belges ordinaires est à peu près le même que celui des lins français. Les lins belges sont généralement rouis à l'eau : ceux qui sont rouis dans l'eau courante sont blancs et ceux rouis dans l'eau stagnante brun-gris. Dans les contrées où l'on manque d'eau, on rouit sur terre. Les lins rouis de la sorte ont pour la qualité et la couleur beaucoup d'analogie avec les lins Russes.

C'est en 1825 que les premiers fils anglais ont été introduits en France ; ces fils étaient le produit de lins Russes filés à la mécanique à Leeds et Aberdeen, envoyés d'abord en petites quantité, car ce fut en 1831 que le système de la filature mécanique du lin, parvint en Angleterre à son point de maturité. Malgré la position différente des industriels français et anglais, en ce qui concerne les dépenses premières d'établissement, le moteur, le fer, le charbon, l'éclairage, les assurances (1) etc., des filatures de lin à la mécanique s'établirent alors dans les départemens du Nord de la France, malgré les obstacles qui les entouraient, les charges qui les grevaient, et la perspective d'une lutte contre une industrie placée dans des circonstances plus favorables. Le Gouvernement eut le tort, à cette époque, de ne pas protéger de suite, par des droits à l'entrée sur les fils introduits en France, tout à la fois et les filatures naissantes et l'ancienne industrie des linons et batistes si importante pour un grand nombre de départemens, parmi lesquels le département de l'Aisne figure au premier rang ; aussi, lorsque, par la loi du 6 mai 1841, une augmentation de tarifs fut enfin décrétée par les Chambres, une grave atteinte était déjà portée au commerce des fils de lin, et les tissus français avaient perdu leurs débouchés sur presque tous les points où ils avaient été remplacés par des produits anglais. Tout ce qu'on put faire alors, fut de reconquérir le marché français, et encore n'y parvint-on qu'à l'aide de la législature.

A l'abri de la nouvelle protection, les filatures françaises prirent plus d'extension, et aujourd'hui la France possède 105 filatures de lin, faisant mouvoir 244 mille broches. Parmi ces établissemens, le département du Nord possède à lui seul 50 filatures faisant mouvoir 112 mille broches. (2) Les produits de nos filatures rivalisent aujourd'hui, avec avantage, avec les fils anglais, et les importations des fils étrangers et des toiles ont diminué à mesure que nos filatures se sont développées. Du reste, il est difficile d'établir ce point mathématiquement, parce que depuis, la consommation a considérablement augmenté.

Si l'on veut se faire une idée de l'immense développement que la filature du lin a pris en Angleterre, il suffira de consulter le rapport de M. Horner, inspecteur des manufactures, qui constatait déjà en 1834, savoir :

---

(1) L'Angleterre opère avec des fers à bon compte, des charbons au plus bas prix, des capitaux abondans, des machines qui se perfectionnent tous les jours, avantage que nous ne pouvons réunir en France.

(2) Une broche, dans une filature mécanique, produit par jour de 3,300 à 3,600 mètres de fil (suivant la torsion plus ou moins forte) en n°. 30, pesant de 140 à 160 grammes. Ce chiffre varie suivant le numéro filé, de moitié en plus, si on'…it moitié plus gros, de moitié en moins, si on fait moitié plus fin.

| | | |
|---|---|---|
| En Ecosse. . . . . . . . . | 159 | filatures. |
| En Irlande. . . . . . . . . | 32 | |
| Dans le nord de l'Angleterre. . | 152 | |
| Total. . . | 343 | filatures. |

Depuis cette époque, le progrès, loin de se ralentir, s'est encore activé, si nous consultons une lettre de juin 1838, de M. Laherard, de Leeds, qui disait: « A Leeds, on compte 500 filatures de lin. M. Marshall en possède trois qui occupent 1,700 « ouvriers et 400 peigneuses. »

Ainsi, en 1838, le nombre des filatures de lin dans la seule ville de Leeds était de 500, et on en construisait encore...... Si on considère la puissance de chacune de ces manufactures dont quelques-unes font mouvoir 30 à 40 mille broches, on se fera une idée de la quantité immense des produits que cette industrie, qui date d'hier, jette sur tous les marchés du monde.

Malheureusement, à mesure, que la filature mécanique du lin s'est développée en France, l'introduction des lins teillés de Russie, de Hollande et de Belgique a pris de plus grandes proportions. Ainsi, pour ne parler que des lins teillés, l'importation qui n'était en 1827 que de 461 mille kilos, s'élevait en 1838 à 844 mille kilos. — En 1843 à 6,679,000 kilos. — En 1850 à 17,850,000.

Ces chiffres parlent d'eux-mêmes; ils montrent clairement que si la loi du 6 mai 1841 a affermi chez nous une industrie nouvelle, si elle a ouvert de nouveaux ateliers de travail, si elle nous a relevés de l'infériorité dans laquelle nous étions vis-à-vis de l'Angleterre, elle n'a pas fait faire un pas à la production indigène du lin en France. Au contraire cette production a diminué.

Quels sont donc les moyens de relever la production des lins et de la mettre à la hauteur des besoins de l'industrie? Avant de répondre à cette question, voyons ce qu'on a fait, depuis quelques années, en Angleterre.

L'Angleterre, qui a recueilli presque seule jusqu'alors le bénéfice de la filature et du tissage mécanique des lins, tirait encore il y a douze ans, les neuf dixièmes des lins nécessaires à ses filatures, de la Russie et de la Hollande; frappée des avantages qu'il y aurait a tirer de son sol les lins qu'elle allait chercher en Russie, elle a tourné les yeux vers l'Irlande, pour y développer la culture du lin, que les désastres subis par la maladie des pommes de terre, l'abaissement du prix de la main-d'œuvre, devaient rendre profitable pour cette contrée.

Une association puissante s'est organisée en 1841, sous le patronage de la Reine. Cette *Société royale pour le développement et l'amélioration de la culture du lin, en Irlande,* soutenue par les nombreuses souscriptions des notabilités de la Grande-Bretagne et les secours du Gouvernement, subventionne aujourd'hui trente ingénieurs qui vont chez les fermiers pour les aider de leurs conseils, avec mission de répandre les meilleurs procédés pour la culture des lins, l'extraction de la graine, et la préparation des fibres textiles que produit cette plante.

Le sol de l'Irlande, amélioré par le drainage, paraît convenir à cette culture qui y a pris, depuis 1841, un immense développement. Une statistique, dressée en 1848 par le gouvernement anglais, présentait une surface de terres cultivées en lin :

| | | |
|---|---|---|
| En 1848, de | . . . . | 53,863 ares. |
| En 1849, de | . . . . | 60,014 |
| En 1850, de | . . . . | 91,040 |
| En 1851, de | . . . . | 138,610 |

Donnant chacun 500 kil. de lin, qui rendaient une récolte de 6,000,000 kilos, produit plus considérable que celui de toute la France qui, d'après la statistique de M. Moreau de Jonnès, ne livre pas aujourd'hui annuellement 100,000 hectares à la culture du lin (tandis que le colza couvrait en France, déjà en 1848, 174,000 hectares).

La réussite de la culture du lin en Irlande ne paraît plus douteuse, d'après l'extension extraordinaire qu'elle y a prise, et, si l'Irlande ne fournit pas encore aux filatures anglaises tout le lin dont elles ont besoin, on reconnaîtra qu'elle est dans une excellente voie pour y arriver.

Ce que vient de faire l'Angleterre, la France peut et doit le faire avec d'autant plus de succès que, déjà, dans la Flandre et la Bretagne, la culture du lin est dans de très-bonnes voies. C'est donc vers l'agriculture qu'il faut tourner nos efforts. C'est vers le développement et l'amélioration des moyens de culture du lin qu'il faut porter nos forces actives, de manière à produire, avantageusement et en quantité suffisante, la plus grande partie des lins que le commerce fait venir aujourd'hui de la Russie, de la Belgique et de la Hollande.

Je dis *la plus grande partie*, parce qu'il est reconnu qu'il y a des espèces de lin que la France n'a pu produire jusqu'alors. Les uns gros et durs, bons pour remplacer le chanvre, comme les lins de Frise ; les autres très-fins et très-soyeux, comme les lins de Saint-Nicolas (entre Anvers et Malines).

Il convient d'appuyer nos fabriques qui consomment sur le sol qui produit et dont le travail ne nous fit jamais défaut. Quoi qu'on fasse, la manufacture sera toujours liée au sort de l'industrie agricole qui lui fournit son aliment, et, pour que sa prospérité se soutienne, il faut que l'agriculture puisse la suivre dans sa marche et répondre à ses besoins. Tous les efforts doivent tendre à relever une industrie qui a fait si long-temps notre gloire et notre prospérité, en lui fournissant économiquement les lins qu'elle va demander aujourd'hui à l'étranger. Cherchons à nous affranchir du tribut énorme que nous payons annuellement à la Russie pour les lins qu'elle nous fournit et prenons bien garde de nous laisser devancer, dans cette culture, par les Etats-Unis qui tendent aujourd'hui à s'emparer de la production du lin, comme ils se sont emparés de celle du coton. On n'a pas oublié que la culture du coton aux Etats-Unis ne remonte qu'à un peu plus d'un demi-siècle et que, jusqu'en 1781, on avait même douté que le sol et le climat de l'Amérique pussent se prêter à la culture ducotonier.

Les 40 millions de matières premières introduites de l'étranger en France, sous formes de lins teillés, fils ou tissus, exigeraient annuellement une mise en culture supplémentaire de plus de 80 mille hectares de lins qui répandraient, à raison au moins de 400 francs de manutention agricole par hectare, la somme énorme de 32 millions. Quelle mine d'or pour nos ouvriers agricoles, déshérités de l'ancienne industrie du fil à la main, indépendamment de la filature et du tissage mécanique de ces produits par les ouvriers industriels.

Une autre considération se présente ici, c'est que l'extension de la culture du lin n'aura pas seulement pour objet la production en grand, par notre agriculture, d'une plante industrielle d'un large débouché, mais elle doit avoir encore pour but final la substitution du lin, pour l'usage, au coton dont la production devient insuffisante et, dans un avenir peu éloigné, la fabrication de tissus plus beaux et plus solides. Aujourd'hui que cette industrie possède les mêmes élémens de puissance, qu'elle marche à grands pas, il est permis de croire qu'elle ne tardera pas à s'élever aussi haut que sa rivale; son influence bienfaisante sera d'autant plus sensible, que la plante qui fournit la matière première est un végétal propre à nos climats. Qu'on ne s'effraie pas de l'extension de la culture du lin par rapport aux céréales; les terres employées à la culture du lin ne diminueront en rien celles livrées à la production du blé, mais tendront à diminuer la culture du colza qui depuis peu d'années a pris un développement extraordinaire.

Le lin, qui demande une terre bien préparée et bien fumée donne lui-même les moyens de réparer les emprunts qu'il lui a faits. Outre ses tiges, le lin produit des graines qui fournissent une huile abondante, dont le résidu forme tout à la fois une excellente nourriture pour les bestiaux et un précieux engrais.

Il exige des sarclages bien faits, et, lorsque les tiges ont acquis une certaine élévation, elles étouffent et font périr les mauvaises herbes qui viendraient à pousser, de sorte qu'après une récolte de lin, le terrain est bien nettoyé et dans un état de culture très-favorable pour en obtenir une bonne récolte de froment. Les amis de l'agriculture doivent donc désirer que la culture du lin soit introduite dans les cantons où elle n'existe pas et qu'elle prenne partout une grande extension; car cette plante doit puissamment contribuer à la suppression des jachères.

Pour soutenir la production du lin en France et donner de l'extension à cette culture, il faudrait que les droits qui protégent la production de la matière première fussent en rapport avec ceux qui protégent maintenant les lins filés et les toiles. C'est tout le contraire qui a lieu aujourd'hui : ainsi, tandis que les fils français sont protégés depuis 1841 par un droit plus que doublé de ce qu'il était auparavant, les droits sur les lins teillés étrangers ont été abaissés de 10 francs, taux de la loi du 27 juillet 1822, à 5 francs, taux actuel. Tous les lins teillés étrangers, importés en France, *par navires français*, paient aujourd'hui à l'entrée, cinq francs, plus dix pour cent par cent kilos. — *Par navires étrangers et par terre*, cinq francs cinquante centimes et dix pour cent par cent kilos, quelles que soient la qualité et la valeur des lins introduits. La France peut produire le lin et le chanvre en abondance, mais elle ne peut le faire à un taux de revient aussi bas que la Russie. Nos lins sont d'une qualité supérieure aux lins russes; mais, pour la finesse, nous sommes vaincus par les Hollandais et les Belges qui produisent les qualités supérieures plus couramment que nous. Que l'industrie soit protégée, rien de mieux, mais protection égale pour l'agriculture; avec cette protection et l'entrée en franchise des graines de lin provenant de Riga, on soutiendrait la production de cette plante dans les départemens où elle est cultivée; mais pour la propager dans les départemens où cette culture n'existe pas, il faudrait qu'il se formât, comme en Angleterre, des Sociétés de grands propriétaires, amis du progrès, disposés à faire des sacrifices pour soutenir les cultivateurs, les éclairer sur ce qu'ils ont à faire, leur fournir des ouvriers capables d'instruire ceux du pays et surtout les aider dans la vente des premières récoltes. A ces Sociétés il serait nécessaire que le Gouvernement accordât des secours proportionnés à l'étendue du pays sur lequel elles agiraient et aux quantités de terre qu'elles auraient fait ensemencer en lin. Enfin il faudrait de plus introduire dans les régions où le lin est cultivé, des modèles de chacun des principaux appareils, ustensiles et machines perfectionnés, propres à battre, rouir et teiller de lin économiquement.

A ces considérations sur les moyens de développer la culture du lin en France, nous joindrons des renseignemens que nous nous sommes procurés sur la culture du lin, en y ajoutant quelques faits puisés dans :

1°. *Essai sur la culture du lin*, par M. A. Rogé, de Cambrai. — 1830.

2°. Rapport à M. le Ministre, sur *la culture perfectionnée du lin en France en Belgique et en Hollande*, par M. Mareau. — 1851.

3°. Rapport à M. le Ministre, *sur le rouissage et le teillage des lins en Irlande*, par M. Payen. — 1851.

4°. *Notice sur la culture et la préparation du lin*, par M. Dorey, le Havre. — 1852.

5°. *Instruction sur la culture du lin*, par M. Fouquier-d'Hérouël, au nom de la section de grande culture. — 14 avril 1852.

## CULTURE DU LIN.

Les avantages que peut donner aux cultivateurs la culture du lin sont incontestables, mais pour les obtenir il ne suffit pas de bien cultiver la terre, de lui fournir des engrais avec abondance, il faut encore avoir des ouvriers suffisamment pour sarcler, cueillir et travailler le lin en temps et saison convenables ; car autrement on n'aurait que de mauvaises récoltes, et on épuiserait le sol sans bénéfices. De plus, la surveillance du grand propriétaire ne peut pas toujours s'étendre avec fruit sur les soins minutieux que demande la réussite de la culture du lin, et l'emploi de journaliers pour un travail qui exige tant de soins et d'intérêt n'est pas sans inconvéniens. La culture de cette plante est plus soignée et plus fructueuse là où la propriété est plus divisée, surtout chez les petits cultivateurs assez aisés, instruits dans leur art, et chez lesquels tous les bras de la famille sont employés. Rien ne peut remplacer, dans la culture du lin qui exige une grande main-d'œuvre, l'œil et la main du maître, pouvant réparer, dans une petite exploitation, les moindres accidens aussitôt qu'ils paraissent, ce qui n'est pas possible dans une forte culture. Aussi, l'agglomération de la propriété dans une seule main, les exploitations agricoles importantes sont en général des obstacles à l'extension de la culture du lin.

## TERRES PROPRES A LA CULTURE DU LIN.

Le lin demande un sol et très-meuble, silico-argileux, bien amendé et nettoyé des années précédentes. Les contrées montueuses et composées de terres argileuses peu profondes, sablonneuses, crayeuses ou marneuses, sont peu propres à la culture du lin. Il faut à cette plante une terre de vallée douce et chaude, pouvant être facilement pulvérisée.

Les terrains humides et froids ne conviennent pas parce qu'ils ne peuvent être labourés, hersés, ameublis, en temps utile ; du reste le cultivateur pourra toujours, à quelques exceptions près, faire dans son champ les améliorations nécessaires pour obtenir une bonne récolte de lin : ainsi, si le sol est trop compact, il pourra l'alléger par un marnage ; si la couche de terre arable n'est pas assez épaisse, il pourra l'augmenter successivement par des labours plus profonds, donnés un an, deux ans d'avance, et toujours avant l'hiver, afin que les gelées, agissant sur l'argile, la pulvérisent et la convertissent en terre arable. Si le sol est trop humide, il pourra l'assécher par le drainage, ou par des fossés d'écoulement. Le sol ainsi assaini conserve une fraîcheur convenable à la culture du lin. Les prairies naturelles, entourées et coupées par des fossés qui leur ont ôté leur excès d'humidité et sur lesquelles on a répandu le limon des fossés avant l'hiver, sont très-propres à produire les plus beaux lins. Dans les prairies rompues, le lin donne presque toujours un produit très-abondant en filasse et en graine. Les trefles manqués, traités de la même manière, conviennent aussi, pourvu que le sol soit propre et riche. Ce qu'il faut rechercher, c'est d'amener le sol à cet état favorable où la terre n'est ni trop sèche ni trop humide, et où elle a acquis la plus grande puissance de production possible. Le terrain choisi doit être un peu incliné au midi.

### DES ENGRAIS.

Tous les engrais ne sont pas convenables pour les terres sur lesquelles on veut semer le lin. Il faut éviter les engrais pailleux, même enfouis avant l'hiver qui précède le semis. Le lin pousse inégal et jaunit dans une terre nouvellement chargée de fumier. Cette plante réussit mieux dans un terrain engraissé de longue date. La fumure doit être donnée dans la récolte qui précède le lin, de manière que le fumier de ferme soit entièrement réduit, lors de l'empouille du lin. Si cependant il y avait nécessité d'employer le fumier de ferme avant le lin, on ne devrait employer que du fumier bien consommé, le transporter pendant l'automne et l'enfouir immédiatement. En Hollande, on ne fume la terre que tous les sept ans; on place le lin la troisième année après la fumure.

Les fumiers froids ou de vache sont préférables aux fumiers chauds pour les *lins de fin*. Il est reconnu que les fumiers chauds produisent une tige d'un vert plus foncé qui paraît plus robuste, mais moins estimée dans le commerce parce que la soie en est plus dure et plus sèche. Cette dernière, quoique souvent plus longue d'une palme (11 centimètres), est moins pesante, à poignée égale, que la soie recueillie au moyen d'un engrais froid. Les autres engrais qu'on emploie, tels que les urines fermentées, les vidanges mêlées de tourteaux, les compots, les engrais pulvérulens, la poudrette, le noir animal, le guano, les cendres pyriteuses, noires ou rouges, conviennent suivant les terrains; mais cependant, ils doivent être classés suivant qu'ils sont moins ardens, si l'on veut obtenir de bons lins de fin. Il serait difficile d'indiquer ici toutes les espèces et les quantités d'engrais qu'on doit donner à la terre, avant d'y semer le lin, puisque ces engrais doivent varier suivant les ressources et les habitudes du pays, la nature du sol et les plantes qui l'ont précédé. Nous citerons ce qui se pratique en Flandre et dans le Hainaut:

A Lockeren (Flandre), on met 300 hectolitres de matières fécales, après les pommes de terre; 150 hectolitres seulement après le chanvre, avant de semer le lin.

A Ath, on emploie par hectare quinze cents à deux mille tourteaux dissous dans les urines provenant des étables. Dans les environs de Lille, on emploie quatorze cents tourteaux; à Courtrai, quinze à dix-huit cents tourteaux. Dans le Brabant, le Hainaut, le pays de Namur, on ne se sert pas de tourteaux, qui feraient verser le lin; on emploie des cendres et de la chaux sur les terres où l'argile domine.

Dans le pays de Waes (Flandre Orientale), on se sert de cendres et de vidanges de fosses d'aisances. Dans les environs de Bergues, on emploie l'engrais liquide ou purin, qu'on répand sur le sol comme une pluie fine. On en met pour la valeur de 200 fr. par hectare.

M. Payen, dans son rapport, dit que l'analyse a conduit la Compagnie anglaise, pour la culture du lin en Irlande, à conseiller la composition suivante d'un engrais spécial pour le lin.

| | | | | | |
|---|---|---|---|---|---|
| Os pulvérisé . . . . . . . . | 24 kil. | 50 | coutant | 3 f. | 75 c. |
| Chlorure de potassium. . . . | 13 | 61 | | 2 | 95 |
| Chlorure de sodium (sel marin) . | 21 | 77 | | » | 31 |
| Plâtre cuit en poudre . . . . | 15 | 22 | | » | 63 |
| Sulfate de magnésie. . . . . | 25 | 40 | | 4 | 64 |
| | 100 | 70 | | 12 | 32 |

En résumé, c'est au cultivateur intelligent à apprécier, d'après l'état de la terre et les ressources du pays, quel est l'engrais dont il doit se servir.

### Préparation du sol. — Assolement.

Pour le lin, comme généralement pour toutes les plantes sarclées, les labours faits avant l'hiver sont préférables à ceux du printemps; car toutes les terres argileuses sont bien mieux pulvérisées par la gelée que par tout autre moyen.

Le terrain doit être fouillé profondément, car on sait que le lin pénètre dans le sol quelquefois jusqu'à une profondeur de cinquante centimètres; en mars, on rabat la terre avec la herse que l'on fait passer plusieurs fois. Assez généralement, on répand alors sur la terre soit des engrais liquides ou pulvérulents, soit des compots, etc. L'emploi de ces engrais est presque immédiatement suivi d'un hersage à la suite duquel on fait les semailles. La terre ne saurait être trop fine ni trop douce pour recevoir la semence; on s'attache particulièrement à rendre très-meuble la couche supérieure du sol, en conservant au reste de la couche arable sa fraîcheur, sans pour cela qu'elle offre trop de résistance aux racines de la plante.

Les terres destinées à la culture du lin sont préparées, suivant M. Mâreau, à Zèle (Flandre), trois ans d'avance et de la manière suivante :

PREMIÈRE ANNÉE. — Bêcher, engraisser, mettre de la gadoue, semer du chanvre, ou planter des pommes de terre.

DEUXIÈME ANNÉE. — Retourner la terre avec la charrue, engraisser, semer de l'orge et du froment.

TROISIÈME ANNÉE. — Retourner la terre avec la charrue, y mettre de l'engrais et de la gadoue, et semer le lin au mois de mars.

Au dire des liniers, la meilleure empouille qui puisse précéder le lin, c'est une récolte de chanvre; elle assure presque toujours une bonne récolte de lin. En bonne culture, le lin ne doit revenir que tous les sept ans, dans la rotation de l'assolement. On cite quelques exceptions à cet égard ; cependant on est unanimement d'accord qu'il y a avantage, même pour les meilleures terres, à varier les semences par un bon assolement. C'est l'opinion des cultivateurs flamands qui alternent leur culture au moyen du blé, de l'avoine, du lin, du trèfle, du chanvre, des betteraves, des colzas et navets, de manière que chaque semence ne revient qu'une fois dans le cours de la rotation. On nous a cité divers assolemens sexennaux, combinés de manière à faire entrer deux récoltes améliorantes ou sarclées, obtenues avec fumure abondante, de sorte que la même plante ne se présente qu'une fois dans la période sexennale.

Si le lin succède au trèfle, il ne faut qu'un labour profond avant l'hiver, pas d'engrais de ferme, on ne se sert au printemps que de la herse et du rouleau et on emploie de préférence l'engrais liquide.

Si le chanvre a précédé le lin, on ne met que des engrais pulvérulens ou liquides au moment de l'ensemencementt : alors il suffit d'un bon labour avant l'hiver.

Si au contraire, la terre a produit des céréales : blé, avoine, orge ou seigle, et qu'on n'y mette pas d'engrais ; il faut, aussitôt la récolte, ouvrir le sol par un labour en petits billons (*Binotis*), laisser quelque temps la terre en cet état, bien rabattre ensuite, donner un profond labour, et, au printemps, bien ameublir avec la herse.

Dans le département du Nord et dans la plus grande partie de la Belgique, où la culture du lin prospère depuis long-temps, on le sème après toute espèce de céréale. Dans le Hainaut, on le place après le trèfle. Le lin réussit bien après ces diverses plantes, mais il est de principe de mettre entre deux récoltes de lin plusieurs années d'intervalle ; le plus court est de cinq ans ; sur certains points, on va jusqu'à dix ans. Comme après le lin, on est à peu près certain d'avoir une bonne récolte en froment, il en résulte que cette plante malgré les dépenses et les soins qu'elle exige pour donner d'assez beaux bénéfices aux cultivateurs qui la feront entrer dans leurs assolemens.

M. Rogé signale une singularité remarquable, c'est que le lin peut être reproduit trois et quatre années de suite dans le même champ, pourvu que la culture ne soit alternée par aucune autre plante, « Seulement, après chaque récolte, on sème des « navets qu'on ne recueille pas, mais qu'on enfouit là où ils « viennent avec une petite portion de fumier. Il est rare qu'on « puisse répéter plus de trois fois une récolte si extraordinaire ; « à la quatrième, le lin brûle, c'est-à-dire jaunit, blanchit et « disparaît. Les parties nutritives nécessaires à la végétation de « cette plante, sont entièrement épuisées dans la terre qui l'a « produite plusieurs fois.

« La particularité que je fais remarquer n'est pas commune

« aux autres variétés de lins qui doivent toujours être obtenues « par l'assolement sexennal. On peut semer sans nouvel engrais « toute espèce de plante qui demande une terre grasse. Il en « serait de même de la terre qui a produit le lin de mai, si elle « avait été fumée avant les semailles de lin. »

### ESPÈCES DE LIN ET GRAINE.

On compte un grand nombre d'espèces de lin. M. Mareau qui en 1851, a fait au ministre de l'agriculture un rapport très-étendu sur cette plante, la porte à quarante-huit espèces botaniques ; mais on n'en cultive qu'une seule, le lin commun, *linum usitatissimum* dont il existe deux variétés bien distinctes, celui à fleur bleue et celui à fleur blanche

Le lin à fleur bleue donne une filasse plus fine, plus douce, plus soyeuse ; c'est avec lui qu'on obtient ces lins ramés qui font l'admiration de ceux qui les voient et dont la récolte vaut quelquefois la terre qui les produit.

Le lin à fleur blanche donne une filasse plus grosse, moins estimée, moins chère, mais plus de graine, et il réussit sur des terres où l'autre ne pourrait prospérer. C'est au cultivateur à apprécier à quelle variété il doit donner sa préférence. Suivant les débouchés qu'il peut obtenir, il devra se préoccuper soit d'avoir une plus belle filasse et moins de graine, soit une filasse plus forte et une plus grande quantité de graine. L'appréciation de la richesse du sol doit encore être prise en grande considération.

La beauté de la récolte dépend, en grande partie, du choix de la semence. En général, on préfère la graine longue et épaisse à la graine grosse et courte. La bonne graine est toujours égale et d'un poids élevé.

On cultive le lin pour obtenir soit des *lins de mars*, soit des *lins de mai*. Le lin de mars est fin et nerveux tout à la fois. Lorsqu'il est ramé (1), il fournit les fils les plus fins et les plus précieux ; c'est pourquoi on le nomme *lin de fin*. Le lin de mai mûrissant trop rapidement, fournit des fils plus forts et plus durs ; c'est pourquoi on le nomme *lin de gros*, pour obtenir ces espèces de lins, on ne se sert pas dans la Flandre, indifféremment de même graine, ni on ne la sème à la même époque. Pour le lin *de mai* ou *de gros*, on emploie la graine de lin de Riga qui est plus grosse, plus brune et plus rude au toucher que celle qu'on récolte en France. Elle se vend par tonne avec garantie de levée. Cette graine, semée en mai, produit un lin

---

(1) La culture des lins ramés est peu étendue ; elle exige des connaissances, des soins tout spéciaux ; elle nécessite des frais assez considérables ; aussi nous conseillons aux cultivateurs de ne point se livrer à ce genre de production, avant d'être bien au courant de la culture du lin.

plus élevé et plus fort que celui qui provient de nos graines indigènes. On la désigne encore sous le nom de *graine de tonne ou de première année*. Tous les lins de Riga sont à fleurs bleues.

Pour obtenir le lin *de mars*, on emploie la semence qui provient de la première récolte du *lin de gros*. On nomme cette graine *l'après-tonne* ou graine de seconde année. Cette graine est plus petite, plus aplatie, plus allongée, moins brune et tirant plus sur le jaune que la graine de Riga dont elle provient. Il semble qu'on obtient la soie d'autant plus belle que la plante est plus délicate, c'est ce qui explique l'espèce de dégénérescence qu'on est obligé de faire subir à la graine de Riga qui produit la première année une plante trop vigoureuse, pour obtenir des lins fins et soyeux. On sème le *lin de mars* du 20 mars au 10 avril, suivant le temps favorable.

La dégénérescence de la graine de lin, surtout dans le Nord de la France, tient en grande partie à ce qu'on ne cultive le lin dans ces contrées, que pour en obtenir de la belle filasse ; or, celle-ci est d'autant plus fine que les brins sont plus serrés, d'autant plus douce et soyeuse, que la plante est cueillie avant la maturité de la graine. Il en résulte que les graines n'ayant pas eu le temps d'acquérir leur maturité, dégénèrent rapidement et qu'il faut souvent renouveler les semences.

Aussi, quelques cultivateurs, notamment en Vendée, sont dans l'habitude, pour avoir de la bonne graine, d'attendre la maturité complète de la plante avant de l'arracher. En Flandre, au contraire, on sacrifie la graine à la qualité du lin de mars.

La dégénérescence de la graine sera rendue très-appréciable par la comparaison de la valeur commerciale de la graine dans nos contrées :

1°. La graine de lin de Riga ou *de tonne* vaut à peu près en moyenne, ici, de 60 à 70 francs l'hectolitre rendu.

2°. La graine de lin, *d'après tonne* ou de deuxième année, (*revelaer* en Hollande) se vend encore 40 à 45 francs l'hectolitre, de cultivateur à cultivateur.

3°. La graine de lin de troisième année de la variété à fleur bleue, ne vaut que le prix de la graine à presser, 20 francs.

L'importance du choix de la graine se justifie par le haut prix que les cultivateurs flamands consentent à mettre tous les deux ans dans la graine de lin de Russie (1). Les cultivateurs qui poursuivent le double but d'obtenir à la fois de la bonne graine et

(1) Un Lithuanien de naissance, M. Gaschtoff, conducteur des ponts et chaussées à Amiens, signalait au Congrès d'Amiens, en 1846, une fraude dont se rendent coupables les commerçans de Riga par les mains desquels la France reçoit la graine de lin. Ces marchands, disait M. Gaschtoff, ont inventé un procédé digne de l'esprit mercantile qui les possède, désirant que la culture du lin ne s'améliore pas dans d'autres pays, ils altèrent le germe de la graine en mettant un fer rouge dans chaque baril qu'ils envoient à l'étranger. C'est pourquoi une grande partie de la graine de lin qu'on reçoit en France et ailleurs est noire et ne germe pas.

de la bonne filasse, n'obtiennent souvent ni l'un ni l'autre de ces résultats. La culture doit être dirigée d'une manière tranchée, soit pour la filasse, soit pour la graine.

Le prix élevé de la graine de Riga a éveillé la cupidité des commerçants de mauvaise foi, et M. Dorey signale une fraude qui se pratique aujourd'hui dans le commerce. Elle consiste à acheter « à bas prix les fonds de greniers ou de magasins, à « prendre, pour enfermer ces graines mélangées et épuisées « les bariques même qui ont servi au transport des graines de « Russie, et à vendre ensuite le contenu comme étant de pro- « venance étrangère. Ces fraudes portent un grave préjudice à « l'agriculture, en trompant l'attente du cultivateur et en lui « faisant perdre des sacrifices qu'il a faits pour obtenir une « récolte qui lui fait défaut. Avec un peu d'attention on évitera « facilement d'être dupe: mais il est pour le cultivateur un « moyen sinon de faire disparaître entièrement, au moins de « diminuer considérablement la fraude dont on cherche à le « rendre victime, c'est de ne jamais revendre, mais de brûler « plutôt, s'ils lui sont inutiles, les barils ou enveloppes qui con- « tenaient la graine qu'il aura achetée; car, ainsi, il anéantira « le masque dont on se sert pour le tromper. »

A cette recommandation fort utile, nous ajouterons deux vœux. Le premier, que les barriques de graine de provenance de Riga soient plombées, à leur arrivée en France, par la douane française, de manière à rendre en France toute fraude impo. sible. Le second, c'est la suppression des droits d'entrée qui frappent aujourd'hui la graine de lin de Riga à son entrée en France, et qui rendent le renouvellement de la semence fort onéreux pour le cultivateur.

Nous avons négligé le lin à fleurs blanches pour ne parler que du lin à fleurs bleues, parce que jusqu'alors, on ne semait généralement que cette variété dans nos contrées à cause de ses brins longs et soyeux, si précieux pour nos habiles fileuses au rouet, mais dans la position où se trouve aujourd'hui l'industrie du lin, avec des filatures en assez grand nombre, et qui paraissent devoir s'augmenter chaque année, nous croyons qu'un lin nerveux leur convient mieux qu'un lin très-long et très-soyeux. Ainsi, nous ferons remarquer que la variété à fleur bleue (graine de Riga ou du nord de la Hollande) se sème plus dru, donne de plus belle filasse, mais que sa graine dégénère rapidement, tandis que la variété du lin à fleur blanche est plus rustique, présente une récolte plus assurée donne un lin plus nerveux, produit une plus grande quantité de graine qui dégénère plus difficilement. Nous invitons les cultivateurs à examiner attentivement les avantages divers qu'offrent ces deux variétés, afin de savoir à laquelle ils donneront la préférence.

### SEMIS.

Avant de semer, le cultivateur doit purger la semence de lin de toutes les graines étrangères et de toute la saleté qui s'y trouvent mêlées. Pour cela, on se sert d'un crible à œils assez fins, pour que la bonne graine ne puisse passer, et on le manœuvre de manière qu'il puisse remplir à la fois les offices de van pour le lin et de crible pour les petites graines étrangères.

Dans la Flandre, on sème quelquefois du trèfle avec le lin, à raison de 10 kilos de trèfle à l'hectare); pour semer le trèfle, il faut attendre que le lin soit déjà levé; sans cette précaution, le trèfle prendrait trop de développement et nuirait au lin.

Dans les terres légères, la semence la plus vigoureuse est celle qui convient le mieux; la bonne graine supplée, en quelque sorte, par sa puissance végétative, à ce qui manque au sol. Dans les terres fortes argileuses, la graine *après tonne* donne des produits plus fins que ne le ferait la graine de Riga.

La graine se sème, comme nous l'avons dit plus haut, à deux époques, suivant le lin qu'on veut obtenir, les semis qui donnent ordinairement les meilleures récoltes sont ceux faits dans la dernière quinzaine de mars; plus tôt, la plante souffre du froid; au mois de mai, si le temps est doux et pluvieux, la tige monte trop vite et verse quelquefois; si au contraire, il fait trop sec, la plante n'a plus l'humidité dont elle a besoin pour donner un bon produit.

Lorsque la terr a été bien ameublie, on sème à la volée, en deux fois, et alors, pour la répartir plus également, l'ouvrier croise ses voies; on emploie à l'hectare:

2 hect. 50 en graine de *Riga*.
3 hect. en graine d'*après-tonne*.

On la laisse sur terre jusqu'à deux heures d'après-midi. On la recouvre par un ou plusieurs hersages. Suivant le temps, on donne de suite un tour de rouleau, ou on attend que la terre soit assez séchée pour que la pluie ne la tasse pas et ne forme pas une croûte qui empêcherait la tige de sortir de terre ou au moins de se développer facilement. Une terre riche peut recevoir plus de semence qu'une terre maigre.

### LEVÉE ET SARCLAGE. — FLORAISON.

La levée du lin s'effectue, pour le lin de mars, en 15 à 20 jours, pour le lin de mai, en 8 à 12 jours; plus la germination est prompte et plus la récolte a de chances de réussir. Pendant ce temps, le cultivateur devra détruire les taupes avec le plus grand soin. Le lin bien levé doit former une belle pelouse d'un vert tendre; lorsqu'il a atteint une palme, soit 8 à 10 centimètres de hauteur, il faut procéder au sarclage. Plus tôt, il serait difficile de distinguer les mauvaises herbes; plus tard, le lin se relèverait difficilement. Malgré la propreté de la graine et la netteté de la terre, il est impossible d'éviter le développement d'une certaine quantité de mauvaises herbes qui nuiraient à la plante. Il est donc indispensable de faire sarcler au moins une fois dans les terres propres et deux fois dans les terres moins bien tenues. Cette opération, une des plus importantes pour obtenir une bonne récolte de lin, doit être faite par un grand nombre d'ouvrières en même temps, n'importe par quel temps, pourvu qu'il ne pleuve pas.

On fait sarcler à la main, en n'enlevant que les plantes étrangères et en laissant tout le lin levé; on a reconnu que les tiges qui ne grandissent pas (le tiers environ) forçaient les autres tiges à pousser droit, en les maintenant plus serrées.

Les ouvrières sarcleuses doivent marcher sur les genoux ou pieds nus et aller contre le vent; de cette manière, elles nuisent moins à la plante qui se relève plus facilement. Plus les rangs des sarcleuses sont serrés, moins il échappe de mauvaises plantes, et moins le champ est piétiné par les allées et venues. Si, après un premier sarclage, la terre se chargeait encore de mauvaises herbes, il faudrait recommencer, aussitôt la première opération faite, parce que la plante souffre d'autant moins du passage des sarcleuses qu'elle a atteint une moins grande élévation. Le sarclage coûte ici environ 36 francs par hectare.

La gelée fait peu de tort aux lins, mais les vents lui sont très-préjudiciables; s'ils sont froids, ils arrêtent la végétation de la plante qu'ils rendent *théon* ou fourchue; s'ils sont chauds, ils la dessèchent.

On attribue au fumier trop nouveau les taches qu'on remarque quelquefois au moment de la végétation. Dans ces places, le lin se chaufourre, s'échauffe, se brûle et meurt en blanchissant. Quelquefois, la tache va en s'agrandissant avec rapidité; dans ce cas, cet accident provient le plus souvent de ce que le lin s'est affaissé d'un côté et que cet affaissement empêche l'air de circuler entre les tiges et de les vivifier.

La floraison du lin a lieu ordinairement vers le commencement de juillet. Si le lin est bien venu, il fleurit également, sa tige est fine, déliée (non fourchue) et d'une nuance jaune-clair; sa hauteur est de 1 mètre, quelquefois plus. C'est à ce point de la culture du lin que se termine le plus souvent le rôle du cultivateur, dans une grande partie de la Flandre. Il vend (à la razière), son lin sur pied à des marchands de lin qui lui achètent sa récolte, pendant la floraison, à leurs risques et périls; le surplus de la main-d'œuvre est désormais à leur charge et le cultivateur n'a plus qu'à transporter la marchandise au lieu convenu, lorsqu'elle est sèche et bottelée. Une razière (41 ares 22) de lin sur pied se vend, dans le Nord, 400 francs, soit 880 francs l'hectare; dans les environs de Saint-Quentin, le lin sur pied se vend environ 2 fr. 50 à 3 fr. la verge (42 centiares 9), soit 600 fr. à 720 fr. l'hectare. Ces prix sont, du reste, subordonnés à la beauté de la récolte sur pied.

Le produit d'un hect. de lin peut être évalué en moyenne, à 600 k. de lin. Toutes les fois que les cultivateurs pourront vendre leur récolte sur pied à des liniers, ils feront bien de la leur livrer.

Voici le prix en moyenne des ventes faites en Belgique pendant la période de 1826 à 1839; de lins sur pied, ou lins verts ces prix sont extraits du travail de la Commission d'enquête belge sur l'industrie linière :

| | | |
|---|---|---|
| 1826, 1829, 1830, 1836, | 900 fr. | l'hectare. |
| 1827, 1828, 1831, 1832, 1837, | 720 | id. |
| 1833, 1834, 1839, | 1080 | id. |
| 1835, | 1350 | id. |
| 1838 très-mauvaise récolte, | 540 | id. |

La moyenne de ces quatorze années est de 880 fr.

Dans les environs de Courtray le prix moyen de l'hectare de lin sur pied, est de 1400 fr. pour la première qualité ; 1100 fr. pour la seconde ; 800 fr. pour la troisième et 550 fr. pour la quatrième.

Au cultivateur forcé de récolter lui-même son lin, nous conseillerons d'avoir égard aux observations suivantes :

### RÉCOLTE DU LIN.

L'époque de la cueillette du lin est très-importante et ne doit pas avoir lieu indifféremment, au même degré de maturité pour le lin *de mars* que pour le lin *de mai*.

Pour le lin *de mai*, (semé avec la graine de Riga) on attend, pour l'arrachage, que la graine ait acquis sa maturité. On n'a pas oublié que cette graine doit servir l'année suivante pour obtenir le lin *de mars*. La maturité a lieu vers le 15 août, mais on ne doit pas attendre l'ouverture des capsules ; car alors on perdrait une partie de la graine.

Pour le lin *de mars*, la cueillette doit être faite dans les premiers jours de juillet, avant sa complète maturité, afin d'obtenir une belle filasse. Il est assez difficile de préciser exactement le degré de maturité convenable ; on reconnaît que le moment favorable est arrivé, lorsque le lin prend une couleur jaunâtre, que sa tête développée forme une petite pointe, et que la graine verte et juteuse s'écrase sous une légère pression. Il importe beaucoup de bien saisir le moment favorable pour cueillir le lin; car s'il n'est point assez mûr, la filasse reste molle, n'a point de nerf et la graine est de mauvaise qualité ; s'il est trop mûr, le lin sera plus maigre, donnera moins de filasse, et d'une valeur un peu inférieure, en revanche, la graine sera meilleure et se vendra plus cher. Du reste, un cultivateur intelligent aura bientôt reconnu à quel degré de maturité il doit cueillir son lin suivant les débouchés qui lui sont offerts pour la filasse ou pour la graine.

La cueillette doit être faite par un temps sec ; l'humidité ferait noircir le lin et tout serait perdu, filasse et graine. Cette opération demande des soins, parce que la différence de longueur des filamens, dans une même partie de lin, étant considérée comme un défaut essentiel, les cultivateurs soigneux font faire, lors de l'arrachage, des lots de tiges les plus hautes ; il suffit de faire mettre dans les mêmes poignées les tiges de même hauteur.

Chaque ouvrier prend dans la main autant de brins qu'elle peut en contenir et il les enlève hors de terre ; ces poignées sont ensuite réunies en bottes. Si le temps est sûr, on laisse les poignées de lin exposées au soleil pendant 24 heures pour donner des reins à la tige ; sans cela il est difficile de les dresser. Si le temps est incertain, il faut faire lier les poignées et les planter debout, trois par trois, en les écartant du pied. On retourne le lin le jour suivant et on le dispose en *cloche* après deux journées de beau soleil. On le met aussi en une longue ligne appelée *chaîne*, en le recouvrant avec des bottes disposées en toit. La dessication s'opère graduellement. Une partie des sucs, passant des tiges dans les graines, la développe et murit. Huit jours suffisent dans les grandes chaleurs pour arriver à un degré de dessication suffisante. L'arrachage coûte environ 30 francs l'hectare.

L'usage de mettre le lin en petites bottes liées sous les capsules, pour en former des chaînes où ils sèchent, est emprunté de Courtray. Il est un autre usage qu'on suit actuellement dans les environs du Havre, et que MM. Mareau et Dorey recommandent à l'attention des cultivateurs. D'après cette méthode, les hommes qui suivent les faneuses ne lient pas les tiges en bottes, mais ils en forment une haie à double pente.

Lin placé en HAIE à double pente.

« Pour commencer ce travail, on plante en terre un piquet, et c'est contre ce piquet que l'ouvrier appuie les deux premières poignées, graine contre graine, les racines en dehors, de manière à former un toit aigu ; il allonge indéfiniment cet espèce de toit, en appuyant de nouvelles poignées contre celles qui sont déjà en place, alternativement d'un côté et de l'autre.

« Lorsque la rangée est terminée, et avant d'enlever le piquet, on marie ensemble, par la tête et à l'aide de quelques brins de lins, les cinq ou six poignées de chaque extrémité ; et le tout, ainsi disposé, résiste parfaitement à l'action du vent.

« Cette disposition a l'immense avantage de permettre à la fanaison de s'opérer plus vite et plus régulièrement ; l'air circule, en effet, partout avec une égale facilité, ce qui ne saurait avoir lieu lorsque les poignées sont réunies par des liens. Ceux-ci ont en outre l'inconvénient, lorsque le temps est pluvieux, de retenir l'eau dans la partie de la tige qu'ils compriment et de lui faire éprouver un commencement de rouissage duquel il résulte, lorsqu'on procède au rouissage général,

« que certaines parties sont déjà trop avancées, lorsque les au-
« tres ne sont encore qu'à point. »

Il faut de huit à quinze jours, suivant le temps, pour que la fanaison soit complète. On la reconnaît à la raideur des tiges. Par un temps sec, on fait mettre le lin en botte de 1 mètre 15 de tour, pesant environ 10 kilos, puis on le rentre dans la grange où il se rasseoit. La récolte d'un hectare de lin produit, en moyenne, 2,500 kilos de lins en baguette.

BATTAGE DU LIN.

Dès que le lin est bien séché, on s'occupe d'en extraire la graine ; dans le Nord, on étend le lin sur une aire de grange et on le frappe avec une *batte* (morceau de bois carré long d'environ 25 centimètres, et large de 12, ayant un manche assez long pour que l'ouvrier puisse le manier facilement) pour en obtenir la graine. — Des cultivateurs qui ont reconnu que la graine se conservait mieux dans son enveloppe jusqu'au moment de son emploi ont donné la préférence au peigne pour la séparation de la graine.

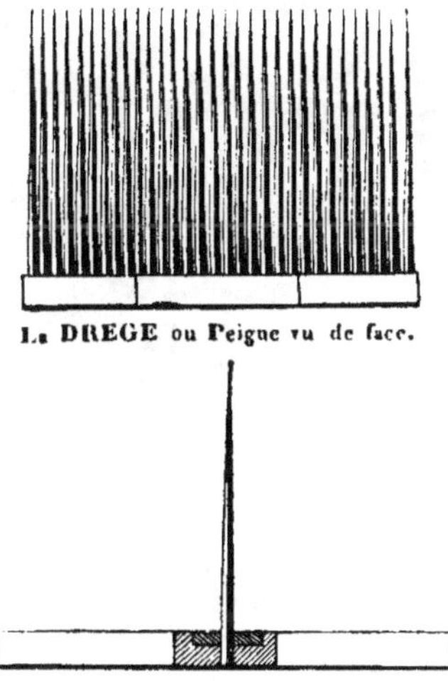

La DREGE ou Peigne vu de face.

La DREGE vue de profil.

Ce peigne en fer, appelé *drège*, a ordinairement 18 à 20 dents de 1 centimètre carré à la base, finissant en pointe, rangés sur la même ligne et ayant 40 à 50 centimètres de hauteur.

Cet instrument est fixé sur un banc en bois, et deux ouvriers se placent aux extrémités de ce banc, à la distance nécessaire pour que, prenant une poignée de lin par les racines et les jetant sur la *drège*, les têtes des capsules se trouvent engagées dans les dents, de sorte que, en retirant à eux la poignée de lin, la graine tombe sur le sol ou, mieux, sur une toile placée pour la recevoir.

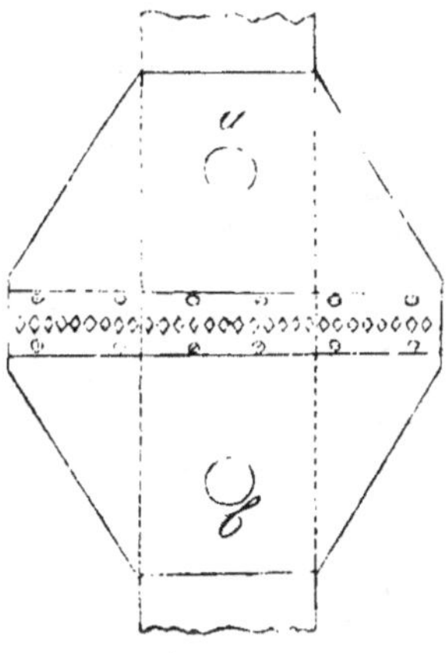

Plan de la DRÈGE fixée sur un banc.

Ouvriers égrénant le Lin avec la **DRÈGE**.

Pour l'égrenage, on se sert, en Irlande, d'un instrument composé de deux rouleaux creux, en fonte, tournant en sens inverse, ce qui est bien plus expéditif.

Un hectare de lin produit environ huit hectolitres de graine. La graine qui provient du lin de mars (cueillé avant la maturité) est sans vertu pour une bonne reproduction ; elle est vendue pour le tordoir.

## ROUISSAGE DU LIN.

Lorsque la graine a été enlevée, on lie le lin en bottes d'environ 30 centimètres de diamètre et on les livre à des marchands nommés *liniers* qui vont acheter le lin soit sur pied, soit en bottes, pour le rouir et le teiller, opérations qui exigent une grande expérience et qui n'ont rien de commun avec la culture du lin. Le rouissage est la préparation la plus délicate de la culture du lin. Cette opération a pour but de dégager les fibres de la filasse de la paille, en décomposant les substances gommeuses et résineuses qui les tiennent agglutinées.

Le lin est roui soit après la récolte, soit au printemps suivant. Il y a deux manières principales de rouir le lin : à l'eau ou au pré. Nous n'entrerons pas ici dans les détails du rouissage, préparation que nous ne conseillons pas aux cultivateurs d'entreprendre sur les indications données dans les livres. C'est une opération industrielle qui demande une grande expérience ; on sait qu'une seule nuit d'orage suffi pour faire dépasser, dans les routoirs, le temps du rouissage et occasionner de grandes pertes. Dans le cas où le cultivateur se trouverait économiquement à portée de prés ou de cours d'eau, il serait préférable de faire venir un ouvrier rouisseur des bons pays ; cet homme le mettrait au courant de cette opération et lui éviterait les chances de pertes par suite d'avaries. Les graves inconvéniens du rouissage en eaux stagnantes, l'étendage sur les prairies des produits fermentés qui répandent au loin des exalaisons insalubres, ont depuis long-temps excité la sollicitude des hommes de progrès. Plusieurs procédés ont été essayés pour remplacer le rouissage, notamment les solutions étendues d'acide sulphurique ; mais ces bains ont présenté des inconvéniens et des chances qui les ont fait abandonner. Des essais faits en Allemagne ont paru donner des résultats satisfaisants en faveur du procédé de rouissage à la vapeur mis en pratique en Amérique et en Irlande. Mais des essais tentés à Lille n'ont pas obtenu, nous a-t-on dit, même succès ; la nature du lin en a été tant soit peu altérée. Voici succinctement comment M. Dumas décrit ce nouveau procédé de rouissage.

Le lin est placé, dans les cuves de rouissage, debout, serré, maintenu par des barres et quelques clavettes. Ces cuves sont à double fond ; le faux fond, sous lequel on amène la vapeur à volonté, est percé de trous comme dans une cuve à brasser. La cuve étant remplie d'eau, de façon que l'immersion soit complète, on introduit la vapeur dans le serpentin, de manière à élever graduellement la température jusqu'à 22 degrés centésimaux. La fermentation ne tarde pas à commencer ; elle s'annonce par le dégagement de nombreuses bulles de gaz et elle entretient presque seule la température initiale pendant 60 heures Le rouissage est terminé lorsque la fermentation cesse presque entièrement ; elle ne dure ordinairement que trois jours.

Le lin enlevé par poignées est mis au séchoir, et la dessication est achevée en plaçant le lin, avant le teillage, dans une pièce contigüe aux fourneaux et chauffée par la chaleur perdue des générateurs.

Le broyage et le teillage des lins, après le rouissage, sont encore des préparations que nous conseillons aux cultivateurs de laisser faire à l'industrie qui l'accomplira bien plus économiquement, surtout avec les nouvelles machines dont M. Payen nous donne la description.

Le lin est broyé et teillé en Angleterre, par deux machines. Dans la première opération, le lin étendu en nappe passe successivement entre cinq paires de cylindres à cannelures, graduellement plus fines. Les tiges étant concassées dans tous les *porte-à-faux*, entre les cannelures, on procède à la seconde opération pour en éliminer la chenevotte, afin d'obtenir la filasse. Les nappes broyées sont conduites par une chaîne sans fin dans la seconde machine où elles sont battues par des tringles en fer, disposées suivant les génératrices des deux cônes entre lesquels la filasse est frottée sur les deux faces des nappes. Celles-ci, arrivées à l'extrémité, sont en partie nettoyées de toute chenevotte ; mais, reprises une seconde fois en sens inverse, elles sortent complètement épurées.

Nous terminons ce travail par une indication du prix de revient des diverses opérations que nous venons d'énumérer, sur les renseignemens qui nous ont été fournis par un linier de Moy. On comprendra que ces évaluations doivent se modifier suivant les lieux et les circonstances. Nous séparons en deux sortes les frais de l'évaluation faite pour un hectare :

FRAIS DU CULTIVATEUR.

| | | |
|---|---|---|
| Location de la terre et impositions. . | 110 fr. | |
| Engrais (1) . . . . . . . . . . | 150 | |
| Culture, ensemencement . . . . | 60 | |
| Graine de semence (2) . . . . . | 135 | |
| Sarclage. . . . . . . . . . . | 36 | |
| A l'hectare. . | 491 fr. | 491 fr. |

FRAIS DU FABRICANT DE LIN.

| | | |
|---|---|---|
| Arrachage . . . . . . . . . . | 10 fr. | |
| Battage, rouissage . . . . . . | 63 | |
| Teillage . . . . . . . . . . . | 157 | |
| A l'hectare. . | 230 fr. | 230 |
| Total. . | | 741 fr. |

M. Mareau, dans son rapport à M. le Ministre, évalue les frais, en Belgique et en Hollande, à 727 fr. — M. Dorey, dans sa brochure, les évalue à 745 francs dans l'arrondissement du Havre.

La culture du lin se pratique en France de bien des manières et se divise suivant les habitudes et les circonstances locales. Dans beaucoup de contrées, le cultivateur fait lui-même les opérations de la culture, de la récolte, du rouissage et du teillage du lin.

Dans la vallée de l'Oise, le cultivateur fournit la terre amendée et cultivée moyennant un prix de location convenu. Le linier fait semer, sarcler, récolter le lin à ses risques et périls.

En Flandre, c'est le cultivateur qui, lui-même, ensemence le

(1) Nous ne comptons que la moitié d'une fumure ; car, nous admettons que le lin semé en première ou en seconde année de fumure, n'a pas seul absorbé la totalité de l'engrais employé.

(2) Nous avons dit que la graine de Riga qui s'employait la première année pour les lins de mai coûtait, pour 2 h. 50, à 60 fr., 150 fr. ; et que la graine d'après tonne ou de seconde année coûtait, à 40 fr. l'hectolitre, pour 3 hect., 120 fr. ; le prix moyen de semence sera donc de 135 fr. l'hect.

lin dans la terre qu'il a préparée, puis le soigne, le fait sarcler, et, lorsqu'il est en fleur, le vend sur pied aux marchands de lins qui le récoltent à leurs risques et périls et le font ensuite battre, broyer et teiller, comme ils le jugent convenable.

Ce mode de division nous paraît le plus naturel et le plus convenable et pour le cultivateur et pour l'industriel. C'est celui que nous conseillons aux cultivateurs d'adopter, afin d'introduire économiquement et sans embarras la culture du lin dans leur assolement. Mais, nous ne saurions trop le recommander, il faut que le cultivateur soit bien fixé à l'avance sur le produit qu'il veut obtenir, afin de ne pas faire de fausse application dans le choix de la terre, dans l'espèce de graine à semer, dans l'époque de l'ensemencement, et surtout dans le degré de maturité de la tige, à l'époque de la cueillée, tous points qui diffèrent entièrement, suivant l'espèce de lin qu'on veut produire.

**Ch. GOMART,**

*Secrétaire général du Comice de St.-Quentin* (Aisne.)

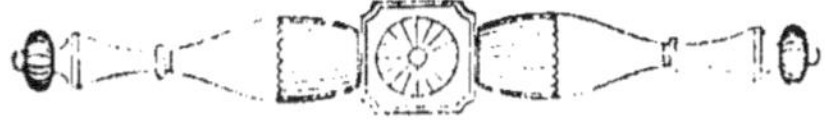

www.ingramcontent.com/pod-product-compliance
Lightning Source LLC
LaVergne TN
LVHW010013230826
846092LV00002B/793